BEI GRIN MACHT SICH IHR WISSEN BEZAHLT

- Wir veröffentlichen Ihre Hausarbeit, Bachelor- und Masterarbeit

- Ihr eigenes eBook und Buch - weltweit in allen wichtigen Shops

- Verdienen Sie an jedem Verkauf

Jetzt bei www.GRIN.com hochladen und kostenlos publizieren

Bibliografische Information der Deutschen Nationalbibliothek:

Die Deutsche Bibliothek verzeichnet diese Publikation in der Deutschen National-
bibliografie; detaillierte bibliografische Daten sind im Internet über http://dnb.d-
nb.de/ abrufbar.

Impressum:

Copyright © 2008 GRIN Verlag, Open Publishing GmbH
Druck und Bindung: Books on Demand GmbH, Norderstedt Germany
ISBN: 9783640498741

Dieses Buch bei GRIN:

http://www.grin.com/de/e-book/142048/bodenwasserhaushalt

Jörn Rickert

Bodenwasserhaushalt

GRIN Verlag

Universität Hamburg, Institut für Geographie

Seminar: Klimawandel und Wasserhaushalt

Bodenwasserhaushalt

Jörn Rickert

Inhaltsverzeichnis

1. Einleitung

Unter natürlichen Bedingungen enthält jeder Boden stets Wasser. Der prozentuale Anteil von Wasser im Boden wird als Wassergehalt definiert. Dieser Wassergehalt ist von vielen unterschiedlichen Aspekten abhängig. Beispielsweise spielen die verschiedenen Bodenarten und die jeweilige Körnung des Bodens eine große Rolle. Aber auch das Klima beeinflusst den Wassergehalt im Boden.

Im ersten Teil meiner Hausarbeit werde ich mich dem Thema Boden widmen. Hier werde ich zuerst die Bestandteile des Bodens und die unterschiedlichen Bodenarten mit ihren Körnungsgrößen erläutern. Weiter werde ich auf die Bodenbildung und auf die Porosität des Bodens eingehen. Anschließend fahre ich dann mit dem speziellen Thema Bodenwasser fort. Hierbei werde ich auf Allgemeines zum Bodenwasser und auf die verschiedenen Arten von Bodenwasser eingehen. Weiter werde ich die verschiedenen im Boden wirkenden Potentiale erläutern. Zum Ende meiner Arbeit gehe ich noch auch auf die Wasserbewegung im Boden, sowie auf die Feldkapazität ein.

2. Boden

2.1 Definition

„Boden ist das mit Wasser, Luft und Lebewesen durchsetzte, unter dem Einfluss von Umweltfaktoren an der Erdoberfläche entstandene und im Ablauf der Zeit sich weiterentwickelnde Umwandlungsprodukt mineralischer und organischer Substanzen mit eigener morphologischer Organisation, das in der Lage ist, höheren Pflanzen als Standort zu dienen und die Lebensgrundlage für Tiere und Menschen bildet. Als Raum-Zeit-Struktur ist der Boden ein vierdimensionales System." (SCHRÖDER 1983, S. 9)

2.2 Bestandteile des Bodens

Böden setzen sich aus mineralischen Bestandteilen, organischen Bestandteilen, Bodenwasser und Bodenluft zusammen.

Die mineralischen Bestandteile des Bodens bilden den größten Anteil der festen Bodensubstanz. Sie sind das feste Substrat, in dem höhere Pflanzen wurzeln, und sie liefern die mineralischen Pflanzennährstoffe. Ausgangssubstanzen der Bodenbildung sind feste und lockerere Gesteine der Erdoberfläche und deren Minerale. Durch Verwitterung zerfallen die Gesteine und Minerale in kleinere Partikel. Die Verwitterung führt auch zum Abbau. Aus den Verwitterungsprodukten und Verwitterungsrückständen können im Zuge der Mineralneubildung neue Minerale entstehen. (vgl. SCHRÖDER 1983, S. 12)

Die organische Bodensubstanz umfasst lebende Organismen der Bodenflora und Bodenfauna (Edaphon). Sie umfasst lebende Pflanzenwurzeln und abgestorbene organische Substanz (Humus: Mullhumus, Moderhumus, Rohhumus). Ein weiterer organischer Bestandteil sind die Huminstoffe, die bei der Verwesung und Umwandlung von organischen Substanzen durch Humifizierung entstehen. Gröberes Pflanzenmaterial ab etwa 2 cm Durchmesser wird nicht zur organischen Bodensubstanz zugerechnet. Die organischen Bestandteile bilden zusammen mit den mineralischen Bestandteilen die feste Bodensubstanz.

Auf die dritte Komponente der Bodenbestandteile - das Bodenwasser – werde ich in Kapitel 3 genauer eingehen.

Die Bodenluft ist die gasförmige Komponente der Bodenbestandteile. Sie ist Voraussetzung für die Atmung der Pflanzenwurzeln und Mikroorganismen (ökologischer Faktor) und sie wirkt als pedogenetischer Faktor bei der Bodenbildung, indem sie die Oxidations- und Reduktionsvorgänge steuert. Die Zusammensetzung der Bodenluft weicht von der in der Atmosphäre ab. Der CO_2-Gehalt ist stark erhöht gegenüber dem in der atmosphärischen Luft. Dies hängt mit der Atmungstätigkeit der Pflanzenwurzeln und Bodenorganismen zusammen. Sie verbrauchen Sauerstoff und produzieren Kohlenstoffdioxid.

2.3 Bodenarten und Körnung

Die in der Natur meist vorkommenden Gemische verschiedener Korngrößen werden als „Bodenarten" bezeichnet, wobei für die Benennung die dominierende Korngröße den Ausschlag gibt. (SEMMEL 1993, S. 13)

Abhängig von der Korngröße wird unterschieden in Grobboden bzw. Bodenskelett (Teilchen > 2 mm) und Feinboden (Teilchen < 2 mm). Die Gliederung der Bodenarten erfolgt nach der Körnung des Feinbodens. Für die Identifikation der Bodenart sind daher quantitative Angaben über die Anteile der drei großen Korngrößenfraktionen notwendig. Als Sand werden Korngrößen von 2 mm bis 0,063 mm bezeichnet. Schluff werden Korngrößen von 0,063 bis 0,002 mm genannt. Die Korngrößen, die geringer als 0,002 mm sind, werden als Ton bezeichnet. Die drei Korngrößenfraktionen werden jeweils noch unterteilt in grob, mittel und fein. Zusätzlich hat sich die Bezeichnung Lehm eingeführt. Lehm ist ein Gemisch mit etwa gleichen Anteilen an Sand, Schluff und Ton. Wie oben schon erwähnt definieren die unterschiedlichen Anteile der Korngrößen die Bodenart.

2.4 Bodenbildung – Pedogenese

„Ein Boden ist ein Naturkörper, der an der Erdoberfläche unter einem bestimmten Klima, einer bestimmten streuliefernden Vegetation und Population von Bodenorganismen durch bodenbildende Prozesse (Verwitterung und Mineralbildung, Zersetzung und Humifizierung, Gefügebildung und verschiedene Stoffumlagerungen) aus einem Gestein entsteht. (SCHEFFER/SCHACHTSCHABEL 2002, S. 439) Diesen Prozess nennt man Bodenentwicklung oder auch Pedogenese. Als wichtigste Faktoren der Pedogenese von Naturböden wirken: Gestein, Klima und Vegetation. Die Pedogenese beginnt in der Regel an der Oberfläche eines Gesteins und im Laufe der Zeit vertieft sich dieser Prozess. Hierbei entstehen Lagen, die sich in ihren Eigenschaften unterscheiden und als Bodenhorizonte bezeichnet werden. Diese Bodenhorizonte verlaufen parallel zur Erdoberfläche und werden zum besseren Verständnis mit Großbuchstaben abgekürzt. (siehe Abb. 1)

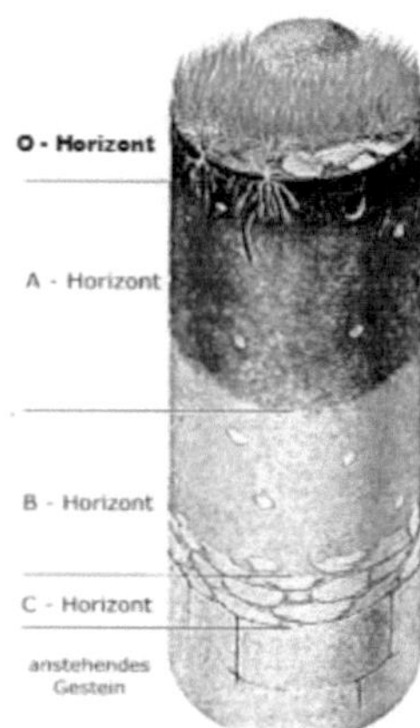

Abb. 1 Bodenaufbau (http://khs-kappeln.lernnetz.de/material/bio_2003/bio03_5.htm vom 21.05.2008)

Als O-Horizont wird der überwiegend aus organischen Stoffen bestehende Auflagehorizont über dem Mineralboden bezeichnet. Der A-Horizont (Oberboden) ist der oberste des Mineralbodens. Er ist durch Huminstoffe dunkel gefärbt und mit Wurzeln durchzogen. Der folgende B-Horizont (Unterboden) ist durch Verwitterung und Verlehmung gekennzeichnet. Er ist angereichert mit ausgewaschenen Stoffen und humusfrei. Unter dem B-Horizont folgt der C-Horizont (Untergrund). Dieser ist noch nicht oder nur unwesentlich verwittert. Im C-Horizont findet man das Ausgangsgestein, aus dem Boden entsteht. (vgl. SCHEFFER/SCHACHTSCHABEL 2002, S. 339)

2.5 Porenvolumen im Boden

Das gesamte Bodenvolumen wird aufgeteilt in Volumen der festen Bodensubstanz und in Porenvolumen. Das Porenvolumen ist in wechselnden Anteilen mit Wasser und Luft gefüllt. Die Luft und das Wasser befinden sich in den Hohlräumen (= Poren) zwischen den Podenpartikeln. Die Poren werden differenziert nach Größe:

a) Grobporen (> 10 µm): Grobporen treten vor allem in Sandböden auf. Nur Grobporen sind für Wurzeln von Pflanzen zugänglich. Sie sind Sickerwasser führend, nach Abzug des Sickerwassers sind die Poren mit Luft gefüllt.

b) Mittelporen (0,2 – 10 µm): Mittelporen treten vor allem in Lehm- und Schluffböden auf. Poren die größer als 5 µm sind, sind für Wurzelhaare zugänglich. Weiter sind die Mittelporen für Pilzmyzele (3 – 6 µm) und Bakterien (0,2 – 1 µm) zugänglich.

c) Feinporen (< 0,2 µm): Feinporen treten vor allem in Tonböden auf. Sie sind in unseren Breiten fast immer wassergefüllt. Das Wasser in den Feinporen ist nicht pflanzenverfügbar und für Mikroorganismen sind die Poren nicht zugänglich.

Des Weiteren ist die Größe des Porenvolumens von dem Gehalt der Böden an organischer Substanz sowie von der Bodenentwicklung abhängig.

Allgemein lässt sich zur Körnung folgendes feststellen: Ein hoher Anteil großer Partikel bedingt geringes Gesamt-Porenvolumen und viele Grobporen und ein hoher Anteil feinster Partikel bedingt ein höheres Gesamt-Porenvolumen und viele Feinporen. (vgl. SCHRÖDER 1983, S. 57)

Es gibt verschiedene Ereignisse, die eine Erhöhung des Porenvolumens ermöglichen, allerdings auch welche die eine Verminderung des Porenvolumens herbeiführen. Eine Erhöhung des Porenvolumens kann durch Erhöhung des Humusgehaltes, durch Wurzeldruck, durch Bioturbation (wühlende Bodentiere lockern den Boden), durch Gefrieren und Auftauen sowie durch Quellen geschehen. Eine Verminderung des Porenvolumens kann durch Austrocknung (bei Quellschrumpfung), durch Belastung auf den Boden oder durch Verschlämmung bei Wasserübersättigung oder nach einer Auftauphase auftreten.

3. Bodenwasser

3.1 Allgemeines

Das Bodenwasser ist mit Zustands- und Ortsänderung Bestandteil des Wasserkreislaufes. Ausgedrückt wird dies in der erweiterten Wasserhaushaltsgleichung: $N = A + V + (R - B)$ N steht für die Niederschlagshöhe. A bezeichnet die Abflusshöhe in mm, V die Gebietsverdunstung, R die Rücklage beziehungsweise die Vergrößerung des gesamten ober- und unterirdischen Wasservorrates in mm und B den Verbrauch (Verkleinerung) des gesamten ober- und unterirdischen Wasservorrates in mm. $R - B$ steht somit für die Vorratsänderung im Boden-, Grund- und Oberflächenwasser. (vgl. KUNTZE/ROESCHMANN 1994, S. 185)

Bodenwasser entstammt überwiegend den flüssigen Niederschlägen der Atmosphäre und zum kleinen Teil der dampfförmigen Luftfeuchtigkeit (durch Kondensation). Unmittelbare Ausgangsgröße ist das in den Boden eindringende (= infiltrierende) Wasser. Dieses ist allerdings nicht der Niederschlag, wie er von Klimastationen gemessen wird. Der Niederschlag wird in der Regel höher liegen, kann aber auch tiefer liegen, als das infiltrierende Wasser. So erhalten Böden von vegetationsbedeckten Landoberflächen weniger Wasser und Böden in Trockengebieten oder mit gering bedeckten Oberflächen mehr Wasser. Weiter richtet sich die Menge des infiltrierenden Wassers nach der Hangneigung der Oberfläche und nach der Wasseraufnahmekapazität und Durchlässigkeit des Bodens. Das Wasser, das nicht in den Boden eindringt, wird als Oberflächenwasser bezeichnet. Dieses fließt in Gräben, Bäche oder Flüsse ab oder verdunstet in die Atmosphäre (Evaporation).

Das in den Boden eindringende Wasser verbleibt im Boden als Haftwasser oder geht als Sickerwasser (Sinkwasser, Senkwasser) in das Grundwasser. Durch kapillaren Aufstieg kann Wasser aus Grund- und Stauwasser das Haftwasser wieder ergänzen. (siehe Abb. 2) (vgl. SCHRÖDER 1983, S. 49)

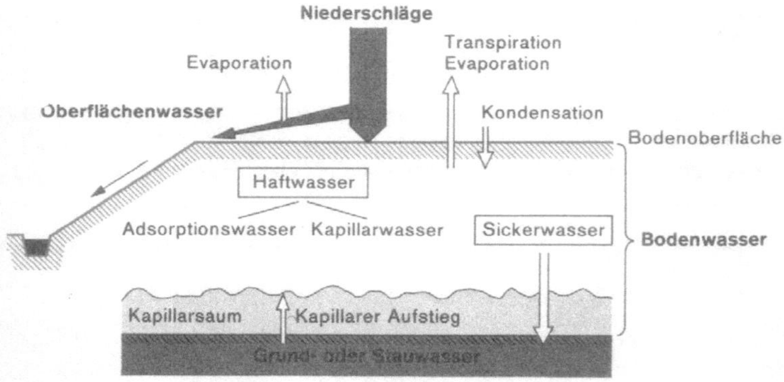

Abb. 25   Schema der Verteilung von Niederschlägen und Bodenwasser

Abb. 2 aus Schröder 1983, S. 49

3.2 Arten des Bodenwassers

Man unterscheidet drei verschiedene Arten: Adsorptionswasser, Kapillarwasser und Grund- und Stauwasser. Die beiden erstgenannten Arten bilden zusammen das Haftwasser, das im Boden gegen die Schwerkraft gehalten wird.

3.2.1 Adsorptionswasser

Als Adsorptionswasser werden Wassermoleküllagen bezeichnet, die die Bodenminerale umhüllen ohne dass Menisken gebildet werden. Diese Lagen von Wassermolekülen sind nur wenige Nanometer dick. Die Bindung zwischen den Molekülen und den Bodenmineralen erfolgt über H-Brücken. Das Wasser steht unter der Wirkung von Adsorptionskräften und osmotischen Kräften. Die Menge des Adsorptionswassers in Böden nimmt mit steigendem relativen Wasserdampfdruck der Luft zu. Außer mit dem Wasserdampfdruck steigt der Wassergehalt mit abnehmender Korngröße und damit mit steigender spezifischer Oberfläche der festen Teilchen. (vgl. SCHEFFER/SCHACHTSCHABEL 2002, S. 210)

3.2.2 Kapillarwasser

Das Kapillarwasser wird in den Kapillaren (Porendurchmesser bis maximal 0,2 µm) durch Adhäsion und Kohäsion (entspricht Saugspannung) festgehalten beziehungsweise bewegt. Der kapillare Aufstieg ist abhängig von der Körnung, vom Kapillardurchmesser und von der Oberflächenspannung. Je kleiner zum Beispiel der Durchmesser der kapillaren Hohlräume ist, umso stärker ist die Bindung des Wassers. Kapillarwasser ist die wichtigste Form des Bodenwassers betreffend das Pflanzenwachstum. (vgl. Abb. 3)

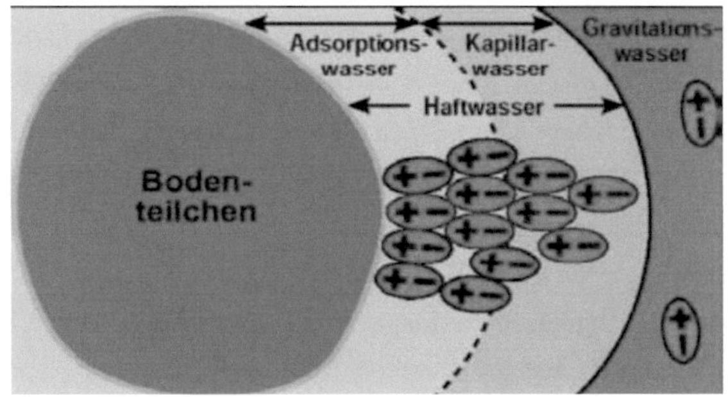

Abb. 3 Arten des Bodenwassers

(http://pages.unibas.ch/environment/Studium/Lect_WS0405/Hydrologie/Kapitel2_Bodenwasser.pdf vom 21.05.2008)

3.2.3 Grund- und Stauwasser

Als Grund- und Stauwasser werden jene Anteile des Bodenwassers bezeichnet, die nicht durch Bindungen im Boden festgehalten werden. Diese Wasseranteile werden daher auch als freies Wasser bezeichnet. Sie befinden sich unterirdisch in Hohlräumen und bilden dort einen Wasserkörper. Von Grundwasser wird gesprochen, wenn das Wasservorkommen das ganze Jahr über vorhanden ist. Von Stauwasser wird gesprochen, wenn das Wasservorkommen nicht ganzjährig auftritt, sondern zum Beispiel nur nach ausgiebigen Niederschlägen oder nach der Schneeschmelze. (vgl. SCHEFFER/SCHACHTSCHABEL 2002, S. 209)

3.3 Bestimmung des Wassergehalts im Boden

Der prozentuale Anteil des Wassers im Boden wir als Wassergehalt (Masse- % oder Vol.- %) definiert. Die wichtigste Methode der Wassergehaltsbestimmung ist die Trocknung einer im Gelände genommenen und damit nicht zerstörungsfreien Bodenprobe bei 105 °C. 105 °C werden als ofentrocken bezeichnet. Vorher und hinterher wird die Masse bestimmt. Deren Abnahme ist gleich der Masse des vorher im Boden enthaltenen Wassers. Diese im Labor durchzuführende direkte Bestimmungsmethode eignet sich nicht für eine fortlaufende Registrierung von Wassergehaltsänderungen im Gelände. Diese Methode liefert aber sehr genaue Werte und ist recht zuverlässig. (Homepage Hydroskript vom 15.05.2008)

Es gibt weitere Methoden um den Bodenwassergehalt zu messen: Messung per TDR (Time Domain Reflectometry), Messung mit einem Tensiometer, Leitfähigkeitsbestimmung.

3.4 Im Boden wirkende Potenziale

Als Erster prägte E. BUCKINGHAM (1907) den Begriff des Potenzials beim Studium der Bindung des Wassers im Boden. Hierbei definierte er das Potenzial als die Arbeit, die notwendig ist, um eine Einheitsmenge (Volumen, Masse oder Gewicht) Wasser von einem gegebenen Punkt eines Kraftfeldes zu einem Bezugspunkt zu transportieren. Diese Arbeit entspricht derjenigen, die notwendig ist, um die Mengeneinheit Wasser von einer freien Wasserfläche auf eine bestimmte Pore (Kapillare) zu heben oder in dieser der Bodenmatrix zu entziehen. Unterschieden wird nach Gesamtpotenzial, Gravitationspotenzial, Matrixpotenzial, piezometrischem Potenzial und osmotischem Potenzial. Das Gesamtpotenzial (Ψ) ist definitionsgemäß die Summe aller durch die verschiedenen im Boden auftretenden Kräfte hervorgerufenen Teilpotenziale. Das Gravitationspotenzial (Ψ_z) entspricht der Arbeit, die aufgewendet werden muss, um eine bestimmte Menge Wasser von einem Bezugsniveau auf eine bestimmte Höhe anzuheben. Dieses Potenzial kann definiert werden, da das Bodenwasser stets unter dem Einfluss des Gravitationsfeldes der Erde steht. Das Matrixpotenzial (Ψ_m), früher auch Kapillarpotenzial genannt, ist ein Maß für den Einfluss der Matrix. Es umfasst alle durch die Matrix auf das Wasser ausgeübten Einwirkungen. Je weniger Wasser ein Boden enthält, desto stärker halten die matrixbedingten Kräfte es fest, desto schwerer ist es also dem Boden zu entziehen. Der pF-Wert ist das Matrixpotential, also die Energie, mit der das Bodenwasser entgegen der Schwerkraft in der Bodenmatrix gehalten wird. Ein weiteres Teilpotenzial ist das osmotische Potenzial (Ψ_o), welches dem Ausgleich unterschiedlicher Salzkonzentrationen im Boden entspricht. Weiter gibt es das piezometrische Potenzial (Ψ_p), das auch als Auftriebspotenzial bezeichnet wird. (SCHEFFER/SCHACHTSCHABEL 2002, S. 212/213)

Über dem Grundwasserspiegel wirken auf ruhendes Wasser das Gravitationspotenzial (abwärts gerichtet) und das Matrixpotenzial (aufwärts gerichtet). Diese beiden Potenziale heben sich gegenseitig auf. Unter dem Grundwasserspiegel wirken auf ruhendes Wasser das Gravitationspotenzial (mit negativem Vorzeichen) und das piezometrische Potenzial (Auftriebspotenzial). Diese beiden Potenziale heben sich ebenfalls gegenseitig auf.

Die Potenziale wirken sich also auf die Wasserbewegung im Boden aus. Folgende Kernaussagen zur Wasserbewegung im Boden können getroffen werden:

Abwärts → wenn Matrixpotenzial kleiner als Gravitationspotenzial (= positives hydraulisches Potenzial)

Aufwärts → wenn Matrixpotenzial größer als Gravitationspotenzial (= negatives hydraulisches Potenzial)

Keine Bewegung → wenn Matrixpotenzial gleich dem Gravitationspotenzial (hydraulisches Potenzial = 0)

3.5 Feldkapazität

Wenn nach länger andauernden Niederschlägen die Wasserzufuhr beendet ist, wird sich der Wassergehalt im Bodenprofil allmählich auf ein ausgeglichenes hydraulisches Potenzial verändern. Nach ca. ein bis zwei Tagen kann ein Gleichgewicht vermutet werden, so dass der Wassergehalt im Boden nicht mehr stark variieren wird. Der Wassergehalt, bei dem dieser Zustand auftritt, wird als Feldkapazität bezeichnet. (vgl. SCHEFFER/SCHACHTSCHABEL 2002, S. 231)

Nach SCHULTZ 2002 wird die Feldkapazität als die Wassermenge bezeichnet, die ein Boden maximal gegen die Schwerkraft halten kann. Sie wird auch als maximale Haftwassermenge bezeichnet und wird in der Regel in Vol.- % angegeben. (vgl. SCHULTZ 2002, S. 40)

Die Feldkapazität ist abhängig vom Gleichgewichtszustand des Bodenwassers, von der Profiltiefe, der Körnung, dem Gehalt an organischer Substanz, dem Gefüge und der Horizontabfolge. Im Freiland bestimmt man die Feldkapazität, indem der Boden stark gewässert und danach zum Schutz gegen Evaporation abgedeckt wird. Die Feldkapazität ist erreicht, wenn nach wiederholter Wassergehaltsbestimmung der weitere Wasserverlust vernachlässigbar wird. Häufig wird auch aus den im Labor erhaltenen Wassergehalten bei pF 1,8, 2,0 oder 2,5 auf diese Feldkapazität geschlossen. (vgl. SCHEFFER/SCHACHTSCHABEL 2002, S. 232)

4. Literaturverzeichnis:

KUNTZE/ROESCHMANN (1994): Bodenkunde 5. Auflage, Stuttgart

SCHEFFER/SCHACHTSCHABEL (2002): Lehrbuch der Bodenkunde 15. Auflage, Berlin

SCHROEDER, D. (1983): Bodenkunde in Stichworten 4. Auflage, Würzburg

SCHULTZ, J. (2002): Die Ökozonen der Erde 3. Auflage, Stuttgart

SEMMEL, A. (1993): Grundzüge der Bodengeographie 3. Auflage, Stuttgart

Internetquellen:

Klaus Harms Schule (2003): Allgemeines Bodenverständnis
http://khs-kappeln.lernnetz.de/material/bio_2003/bio03_5.htm (21.05.2008)

Obrist, Dr. Daniel (2004): Bodenwasser
http://pages.unibas.ch/environment/Studium/Lect_WS0405/Hydrologie/Kapitel2_Bodenwass
er.pdf (21.05.2008)

HydroSkript (1999): 10.2 Bestimmung des Wassergehaltes
http://www.hydroskript.de/html/_index.html?page=/html/hykp1002.html (15.05.2008)

BEI GRIN MACHT SICH IHR WISSEN BEZAHLT

- Wir veröffentlichen Ihre Hausarbeit,
  Bachelor- und Masterarbeit

- Ihr eigenes eBook und Buch -
  weltweit in allen wichtigen Shops

- Verdienen Sie an jedem Verkauf

Jetzt bei www.GRIN.com hochladen
und kostenlos publizieren